今日甜点

[日] 白崎裕子　著　　周小燕　译

南海出版公司

2017 · 海口

序言

有甜点哦，

这是一句魔法咒语。

用餐时诵读这句咒语，美味的菜品味道更好，

就连味道一般的菜品，都不可思议地好吃起来。

说不定小孩子们会吃下讨厌的青椒，

老公也会帮忙端菜。

当然，就算只为了自己，也要用心诵读咒语。

本书也竭尽全力，

只为了让每一个人都能轻松地诵读这句咒语，

有甜点哦。

价格昂贵的橘子，酸酸的草莓，

软绵绵的苹果，留在瓶底的咖啡，

转眼间就变成美味的甜点。

辅料有豆浆、琼脂、葛粉、植物油等。

选择自己喜欢的甜度即可，调整甜度也非常简单。

用同样的材料，可以做出布丁、芭芭露或者冰激凌。

甜点口感轻盈，就算饭后吃也不会觉得甜腻。

生活中稍微费些心思，做晚餐的时候顺便做好就可以了。

只有在家里才能品尝到这些美味。自己做的也非常放心。

放在最后食用，作为一餐的结束。

这就是本书的甜点。

读完这本书就要开始诵读魔法咒语啦！

一想到这些，大家有没有特别兴奋特别激动呢？

目 录
CONTENTS

写在制作甜点前

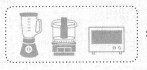 ＝ 制作甜点需要的时间。
不含放入冰箱冷藏凝固的时间。

 ＝ 各种工具的使用时间。使用搅拌机或者食物料理机时，先稍微搅打几次基本融合后，再继续慢慢搅打。本书使用1400W烤箱。根据烤箱的状况来调整烘烤温度和时间。

Ｑ ＝ 介绍在教室经常被问到的问题。困惑时请参考帮助小贴士（P.114）。

＊本书使用的量勺，平勺1大匙＝15mL，1小匙＝5mL。

＊称重方法＝用电子秤称重比较方便（P.115）。

＊保存期限＝果冻冷藏可保存3～4天，弄碎后当天要食用完毕。

＊布丁·芭芭露冷藏可保存2～3天。水果甜点尽量当天食用。

＊巧克力参考P.61，冰激凌参考P.104。

＊推荐材料在P.116、P.117中有详细介绍。

Jelly

果冻

果冻其实是一种豪华的甜点。

大量使用应季水果和香浓好茶的果冻，

和在商店里买的，味道和香气都大不相同。

春天选用草莓，夏天选用葡萄，冬天选用苹果。

将水果在它最美味的时候做成果冻，这样每年都会期待这个季节吧。

一定要品尝一下这种甜蜜的味道。

抹茶有着浓厚的绿色，苹果有着清亮的淡黄色，

红色的草莓颜色更艳，橙色的夏蜜橘闪闪发亮。

各种水果搭配出惊艳美丽的颜色。

●应季果冻

红草莓果冻

15 分钟

想用琼脂做出美味的果冻，关键要尽量将少量琼脂完全煮到溶化。将琼脂粉用水稍微浸泡后再煮，这样才能完全溶化。琼脂用量较少，才能做出质地弹滑、味道较淡的透明果冻。另外一个关键是，果冻凝固前绝不能触碰。特别这款草莓果冻的

琼脂用量，正好做出凝固紧实的果冻，如果刚开始凝固就搅拌，会大大影响口感。

提前将草莓的香气融入蜂蜜中，让果冻也沾染草莓的味道和香气。用口感略酸的木槿花软化琼脂，做出爽滑的口感。

果冻艳红爽滑，草莓味道浓郁。入口甘甜，齿颊留香。

用覆盆子做果冻，味道也超好！

Q 果冻无法凝固。

如果琼脂没有完全溶化，会很难凝固。
加热时间控制在3分钟内。

◎ 红草莓果冻的做法

材料（6人份）

草莓（冷冻草莓也可）……200g

Ⓐ 水……400mL
  琼脂粉……1小匙（2g）

Ⓑ 蜂蜜（或者龙舌兰糖浆）……4大匙
  （根据自己的喜好酌情增减）
  柠檬汁……2小匙（10g）

木槿花茶……2小匙（3g）

小方盘用处大！

本书中使用的珐琅盘是野田珐琅长方形浅盘
M・L、深盘M。

1

浸泡琼脂

小锅内放入Ⓐ，静置约5分钟。

2

浸出香气

方盘内放入切块的草莓和Ⓑ，搅拌均匀，让蜂蜜沾染上草莓的香气。

{ 要点 }

使用冷冻草莓时，要切成小块，这样味道更好。

草莓腌渍出水分，材料沾染上草莓的味道和香气，这样做成果冻后，果冻也有草莓的味道。

咕嘟咕嘟地沸腾后转小火，边搅拌边煮2分钟。

放入木槿花茶，再煮一分钟。

3 水煮

将1中火加热，煮到咕嘟咕嘟地沸腾（如图所示）后，迅速转小火，边搅拌边加热2分钟，放入木槿花茶，再煮1分钟。

5 搅拌

将4倒入2的方盘内，搅拌均匀，放入冰箱冷藏凝固。

4 过滤

将3用滤网过筛，放凉（注意不要太凉）。

6 完成

一放入汤匙，果冻马上就会变软，所以一次吃不完的话，可以倒入小玻璃杯中分装。

美味创意

覆盆子果冻
（P.8）

不放入柠檬汁，其他做法相同。草莓150g+覆盆子50g时，将柠檬汁用量减至1小匙（5g）。

◆ ◆ ◆

美味食用方法

和豆浆香草冰激凌（P.92）或者豆浆酸奶（天然食品商店等有售）一起食用。

◆ ◆ ◆

简单创意

图片中的红草莓果冻，是用L号浅盘制作的，也可以用M号浅盘（P.13或者P.23等）制作。

{ 知识点 }

选用有机木槿花

蜂蜜和龙舌兰糖浆

1大匙（20g）龙舌兰糖浆，和1大匙（22g）蜂蜜甜度相当。推荐使用槐花蜜。蜂蜜和龙舌兰糖浆一样，都属于低GI值（血糖生成指数）甜味剂，可以做出味道较淡的透明甜点。使用枫糖浆时，建议使用味道较淡的淡香型。枫糖浆比蜂蜜和龙舌兰糖浆甜度要低，所以要多放一些。

●便携果冻

夏蜜橘果冻

15分钟

果冻质地较硬、难以出水，所以方便携带。用叉子插碎，夏蜜橘的水分涌出，果冻变得柔软，所以食用前再将果冻插碎。如果蜜橘较多的话，可以用鲜榨蜜橘汁来代替橘子汁。

材料（6人份）

夏蜜橘……2个（净重300g ~ 350g）

Ⓐ 水……250mL
　琼脂粉……1小匙（2g）

Ⓑ 蜂蜜（或者龙舌兰糖浆）……5大匙
　橘子汁……100mL

---

1 小锅内放入Ⓐ，静置约5分钟。

2 方盘内放入去皮的橘子和Ⓑ（a），搅拌均匀，让蜂蜜沾染上橘子的香气。

3 将1中火加热，煮到咕嘟咕嘟地沸腾后，转小火，边搅拌边加热3分钟。

4 将3倒入2的方盘内（b），搅拌均匀，放凉，放入冰箱冷藏凝固。

a

b

使用大量橘子制作。看到这款果冻，犹如看到一个超大的橘子。

美味创意
使用伊予柑、河内晚柑→放入柠檬汁，做法相同。
使用夏橘、八朔橘→增加甜度，做法相同。

• • •

美味食用方法
·搅碎倒入无糖苏打水。
·淋上豆浆，口感较酸的果冻会让豆浆凝固成酸奶一般，味道很好。
·搭配豆浆香草冰激凌（P.92）或者椰子奶油布丁（P.76）。
·果冻较酸时，可以淋上炼乳糖浆（P.14）。
·直接切成小方块食用，味道也很好。

Q 用八朔橘做成的果冻口感太酸。

不同的橘子有着不同的甜度，口感较酸时，可以多放蜂蜜，如果较甜时，可以减少用量倒入柠檬汁来调整口感。

●经典果冻

咖啡果冻

15 分钟

没有放入甜味剂的咖啡果冻淋上炼乳糖浆，调出自己喜欢的甜度食用。倒入少量白兰地，增添酸味和香气，咖啡味道更香浓。谷物咖啡的味道会更浓。

材料（4人份）

咖啡果冻

Ⓐ 水……600mL
琼脂粉……1小匙（2g）

Ⓑ 速溶咖啡……10g
（或者谷物咖啡16g）
白兰地（不放也可以）
……1/2小匙

炼乳糖浆

Ⓒ 豆浆……100g
葛粉（粉末）……1小匙
甜菜糖……25g

谷物咖啡（右）和有机速溶咖啡

味道略苦的咖啡果冻，搭配香甜的炼乳糖浆。

1 小锅内放入Ⓐ，静置约5分钟。中火加热，煮到咕嘟咕嘟地沸腾后转小火，边搅拌边加热3分钟。

2 放入Ⓑ，再次煮沸（a），关火倒入容器内，放凉，放入冰箱冷藏凝固。

3 小锅内放入Ⓒ，搅拌均匀，让葛粉溶化，边不断搅拌边小火加热，沸腾后继续加热2分钟，关火。

4 将3倒入密封瓶中，放入盛有水的碗内，边用汤匙搅拌边放凉。放凉后，质地变得顺滑有光泽，就做好了（b）。

b

a

美味创意

·炼乳糖浆内放入香草精
　→步骤3中关火后加入可增添香味
·咖啡果冻×炼乳糖浆×肉桂粉
·咖啡果冻×黑蜜（P.75）
·咖啡果冻×椰子冰激凌
　（P.100）

Q 蒲公英咖啡或者糙米咖啡
可以吗？

可以。不管哪种，都要比平时饮用的咖啡用量多一些。（这两种咖
啡均不含咖啡因。——编者注）

●经典果冻

茉莉柠檬果冻

10 分钟

将质地较硬的琼脂切开，淋上蜂蜜，马上就会溢出水分。从琼脂中溢出的水分，含有柠檬和茉莉的香气，和蜂蜜搅拌后，变成美味的糖浆，这样琼脂变得更柔软，果冻也做好了。

材料（6人份）

Ⓐ 水……600mL
琼脂粉…2小匙（4g）*琼脂棒1根

茉莉（茶包）…4袋（茶叶6g）
柠檬汁…2小匙（10g）

蜂蜜（或者龙舌兰糖浆）…6大匙
喜欢柠檬片的话就放入

1 小锅内放入Ⓐ，静置约5分钟，中火加热，煮到咕嘟咕嘟地沸腾后转小火，边搅拌边加热3分钟后，关火。

2 在1的锅内放入茉莉茶包（a），盖上锅盖（b），1分30秒（或者按照包装盒上说明的取出时间）后，晃动几下取出。倒入柠檬汁搅拌，倒入方盘内，放凉，放入冰箱冷藏凝固。

3 食用前约30分钟，将2用刀切开（c），用汤匙搅拌，淋上蜂蜜，静置放凉。果冻溢出水分后，相互融合（d）就可以食用了。放入柠檬片或者枸杞味道更好。

不同的果冻搭配不同的糖浆，做出不可思议的成品！

*没有柠檬片时，再倒入1大匙柠檬汁。
*茶叶不同，茉莉茶包的取出时间也不同，可以参考包装盒上的水煮时间。

Q 没有茉莉茶包。 ┈ 使用红茶味道也很好。按照包装盒上的取出时间取出，在步骤2倒入方盘时，用
滤网过筛。

●应季果冻

葡萄酒葡萄果冻

15 分钟

红葡萄酒搭配巨峰葡萄，白葡萄酒搭配麝香葡萄，也可以选择自己喜欢的葡萄酒和葡萄搭配。葡萄酒中的酒精受热蒸发了，所以孩子也可以食用。当然单纯食用葡萄酒果冻味道也很好。

材料（4人份）

Ⓐ 水……300mL
  琼脂粉……1小匙（2g）

Ⓑ 葡萄酒（红葡萄酒或者白葡萄酒）……100mL
  盐……少许

Ⓒ 蜂蜜（或者龙舌兰糖浆）……4大匙
  柠檬汁……1小匙（5g）

喜欢的葡萄（冷藏静置）……1盒

1 小锅内放入Ⓐ，静置约5分钟，中火加热，煮到咕嘟咕嘟地沸腾后转小火，边搅拌边加热1分钟。

2 放入Ⓑ，再次沸腾后（a）撇去浮沫，继续加热2分钟后关火。

3 将Ⓒ倒入方盘内（b），倒入2搅拌（c），放凉，放入冰箱冷藏凝固。

4 将葡萄剥皮（带皮食用的话不用剥皮），和3中的果冻交替放入玻璃杯中。

初秋品尝这款果冻，夏天的疲惫一下子就消散了。

a　　　　b　　　　c

*单纯食用葡萄酒果冻时，步骤2中关火后，将Ⓒ倒入小锅中搅拌，放凉，倒入1人份的玻璃杯中冷藏凝固，味道很好。
*P.19图片中使用的是带皮葡萄。

Ⓠ 没有葡萄怎么办。⋮ 红葡萄酒适合搭配蓝莓，白葡萄酒适合搭配洋梨或者蜜瓜。
制作两种颜色的葡萄酒果冻，交叉搭配食用味道更好。

●应季果冻

苹果葛粉果冻

15分钟

用葛粉增加黏稠度，放入琼脂使其凝固，做成爽滑的果冻。

需要做造型时，放入用水浸湿的模具中，静置一晚完全冷却凝固。用硅胶杯子做造型的话，更容易脱模。倒入玻璃杯中冷却凝固，用汤匙舀出食用味道也很好。

材料（6人份）

Ⓐ 水……200mL
　 琼脂粉……1小匙（2g）
　 葛粉（粉末）……10g
　 盐……少许

苹果……小号1个（净重150g）

Ⓑ 苹果汁……250mL
　 蜂蜜（或者龙舌兰糖浆）……3½大匙
　 柠檬汁……2小匙（10g）

1　小锅内放入Ⓐ，静置约5分钟。搅拌均匀，让葛粉充分溶解。

2　将苹果切成约1cm的小块，边切边放入1中（a）。

3　边用刮刀搅拌边中火加热，沸腾后转小火，继续不断搅拌，加热5分钟，加热到略微沸腾（b），关火（葛粉受热呈透明的状态c）。

a

b
c

4　放入Ⓑ搅拌均匀，倒入被水浸湿的模具中（d），放入冰箱冷藏凝固。

d

口感爽滑、味道甜美，
大人孩子都很喜欢。

美味创意

多放入一些苹果汁，质地更柔软，待杯子冷却后果冻质地更硬，用汤匙舀出食用味道也很好。放入少许卡巴度斯苹果酒，增添浓郁的味道。

Q 不能顺利脱模。

完全放凉至葛粉变硬。苹果放入太多或者没有煮熟，都会影响凝固。

● 经典果冻

苹果杏仁豆腐

20 分钟

虽然这款杏仁豆腐质地柔软，味道很好，但是以前的杏仁豆腐更有嚼劲，令人难以忘怀。

如果有这样想法的人，一定要尝试一下这款杏仁豆腐。苹果糖浆口感清爽，味道令人非常怀念。

苹果削皮后，放入柠檬水中浸泡。边煮柠檬水，边撇去浮沫，关火后放入甜味剂，煮至富有光泽、颜色漂亮。

这款杏仁豆腐，搭配黑蜜（P.75）一起食用味道更好。也适合搭配水果、冰激凌、红豆馅（P.33）。这款甜点就像是最好的配角，总会凸显主角的光彩。

复古的菱形杏仁豆腐。味道怀旧清爽，可以用于多种甜点。

淋上黑蜜味道更佳！

Q 没有枸杞。 ⋮ 可以放入切成小块的草莓，或者蓝莓，
放入应季的水果就可以了。

◎苹果杏仁豆腐的做法

材料（6人份）

Ⓐ 水……350mL
　 琼脂粉……4g

Ⓑ 豆浆……180g
　 蜂蜜（或者龙舌兰糖浆）……3大匙
　 杏仁香精……2小匙

苹果……中号1个
蜂蜜（或者龙舌兰糖浆）……4大匙
枸杞……适量

苹果糖浆
Ⓒ 水……200mL
　 柠檬汁……1小匙（5g）
　 盐……1小撮

用浅方盘制作
成品更美丽！

使用野田珐琅
长方形M号浅盘。

1 将琼脂煮到溶化

小锅内放入Ⓐ，静置约5分钟，中火加热，咕嘟咕嘟地沸腾后转小火，边搅拌边加热3分钟。

2 搅拌

关火，放入Ⓑ搅拌，倒入方盘，放凉，放入冰箱中冷藏凝固。

{ 要点 }

放入杏仁香精，增添杏仁味道。也可以用苦杏酒代替，Ⓑ和Ⓒ的材料内各放入一大匙。

倒入平坦的方盘内，这样可以切出漂亮的形状。

3 切苹果

锅内放入ⓒ，边切苹果边迅速放入锅内。

5 切开

将凝固的杏仁豆腐用刀子切开。

4 煮苹果

中火加热，沸腾后转小火，边撇去浮沫边加热5分钟，关火，放入蜂蜜，静置放凉，放入冰箱冷藏。

6 倒入糖浆

放入4搅拌均匀，放入枸杞。

美味创意

洋梨杏仁豆腐
桃子杏仁豆腐
使用洋梨或者桃子做成糖浆，方法相同。

◆ ◆ ◆

美味食用方法

· 放入草莓、猕猴桃等新鲜的水果一起食用。
· 用黑蜜（P.75）代替苹果糖浆一起食用。

苹果煮熟后放入蜂蜜。

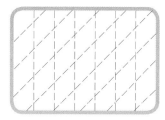

先竖着切，再斜着切，切成菱形。

●经典果冻

抹茶果冻

15分钟

用少量葛粉增加黏稠度，即使直接倒入玻璃杯中，抹茶也不会沉淀，这样成品更美丽。抹茶煮沸后，会煮出苦味，颜色和口感也受影响，所以先溶解于水中，关火后放入。

材料（4人份）
Ⓐ 水……500mL
琼脂粉……1小匙（2g）
葛粉（粉末·或者淀粉）……1小匙
Ⓑ 蜂蜜（或者龙舌兰糖浆）……3½大匙
水……1小匙
抹茶……1¼小匙（5g）

美味食用方法

· 搭配红豆馅（P.33）。
· 搭配黑蜜（P.75）和黄豆粉。
· 放上豆浆布丁碎（P.66）。
· 淋上炼乳糖浆（P.14）。

抹茶味道浓郁的果冻。最好当天食用完毕。

1 小锅内放入Ⓐ，静置约5分钟，搅拌均匀，让葛粉完全溶解（a）。

2 边用木铲搅拌边中火加热，沸腾后转小火，边不断搅拌，边保持略微沸腾的状态加热3分钟，关火（葛粉受热后呈透明感〈b〉）。

3 小容器内放入Ⓑ，用小型打蛋器搅拌溶化（c），放入2搅拌均匀（d），倒入玻璃杯内，放凉，放入冰箱冷藏凝固。

a c
b d

Q 当天必须食用完毕的原因是什么？

抹茶氧化后味道变差。最好尽快食用。

●怀旧甜点

红薯羊羹

40分钟

味道清爽的红薯羊羹，适合搭配果冻、布丁、冰激凌。质地柔软，入口即化。泡出红薯的涩味，做出漂亮的颜色。根据红薯的甜度来调整甜味剂的用量。

材料（6人份）

红薯（或者紫薯）……1根（净重250g）

Ⓐ 水……250mL
　琼脂粉……2小匙（4g）

Ⓑ 甜菜糖……50g
　盐……2小撮

1 红薯削厚皮后，切小块，放入水中浸泡，泡出涩味（a），和新水（分量以外）一起放入小锅内，加热，水焯过一次后，煮至柔软，放在笊篱上。

2 小锅内放入Ⓐ，静置约5分钟，中火加热，咕嘟咕嘟地沸腾后转小火，边搅拌边加热3分钟。

3 将1趁热和Ⓑ一起放入食物料理机中（b），搅拌到质地顺滑，趁热放入2（c）搅拌，迅速倒入模具中（d）。放凉，放入冰箱冷藏凝固（e）。

a

口感松软，甜而不腻，一款类似甜点的羊羹。

美味食用方法
和味道浓郁的绿茶一起。

• • •

美味创意
南瓜羊羹　将南瓜切成1口大小，蒸10分钟，剥皮后准备净重250g，从步骤2开始做法相同。

b d
c e

Q 没有食物料理机。

使用笊篱等滤网效果也很好。
将刚煮熟的红薯趁热过筛。

奶油果冻

夏蜜橘果冻（P.12）

味道也很好

红草莓果冻（P.8）
×
酸奶奶油酱（P.50）

日式果冻

放上芋圆（P.32）

味道也很好

抹茶果冻（P.26）
×
红薯羊羹（P.28）
×
红豆馅（P.33）

如果搭配各种配料的话，只需层层叠加，方法简单。

苹果杏仁豆腐（P.22）
×
芋圆（P.32）
×
红豆馅（P.33）
×
豆浆香草冰激凌（P.92）
×
水果

豪华杏仁豆腐

淋上黑蜜（P.75）

味道更佳

做法简单
用处大!

果冻搭配

芋圆

用红薯做成口感软糯的圆球。放入腌渍水果（P.38），搭配红豆馅（P.33）、炼乳糖浆（P.14）、黑蜜（P.75）、黄豆粉。将芋圆做得大一些，就是圆月芋圆了。

【材料】（方便制作的量）

红薯（或者紫薯）
　　……1/2个（125g）

Ⓐ 淀粉……50g（酌情适量加减）
　 甜菜糖……2大匙
　 盐……2小撮

【做法】

1 红薯削皮后切成小块，放入水中浸泡，泡出涩味，和新水（分量以外）一起放入小锅内，中火加热，沸腾后继续加热10～15分钟，煮到柔软，放在笊篱上（沥出的水分不要倒掉）。

2 碗内放入 **1** 和Ⓐ，边用力揉搓边将红薯捣烂。倒入适量沥出的水分，将红薯揉成圆球。

3 锅内倒入热水煮沸，放入 **2**，漂起来后，继续加热2～3分钟，放入凉水中冷却。

＊芋圆大小不同，需要煮的时间也不同。试着尝一个，里面也非常软糯就煮好了。

红豆放入冷水中无法泡发，要放入热水中才会膨胀。

这样就不需要将红豆煮熟后捣烂，

只需提前一天将红豆泡于热水中，就能去除涩味。

也能缩短水煮时间，非常方便！

红豆馅

虽然控制甜度但质地并不干燥，味道非常好。将红豆放入热水中泡发，泡出涩味，最后高温煮熟。

带皮豆沙馅

做法比红豆馅还要简单，一种无须过筛的豆沙馅。可以用白芸豆、鹰嘴豆等豆类。

红豆馅

【材料】（方便制作的量）

红豆……200g

甜菜糖……100g（喜欢可以多加一些）

盐……1小撮

【做法】

1 锅内放入1L的热水（分量以外）煮沸，放入红豆浸泡，静置1晚。

2 放上笊篱，把锅内带涩味的水倒出，将红豆倒回锅内，倒入红豆约4倍的水（分量以外），加热，沸腾后转中火，煮40～60分钟，将红豆煮软。中途水不够的话要添够水。

3 煮到红豆内芯变软后，关火放入甜菜糖和盐。这时水不够的话要添够水，水较多的话转大火，用木铲搅拌约5分钟。

*放入甜味剂转大火，高温搅拌，这样虽然糖粉较少，也能做出表皮柔软、口感软糯的红豆馅。红豆馅容易飞溅，要戴上手套，避免烫伤。

*红豆馅放凉后容易变硬，关火保持松软的状态。

带皮豆沙馅

【材料】（方便制作的量）

红豆……200g

甜菜糖……100g（喜欢可以多加一些）

盐……1小撮

【做法】

和红豆馅一样，先将红豆煮熟，煮到内芯变软，然后放入甜菜糖和盐，放入搅拌机（或者食物料理机）搅拌至顺滑。

Fruit desserts

水果甜点

以水果为主的甜点，每次都会做出不一样的味道。

苹果或甜或酸，香蕉或青或熟。

水果状态不同，做出的甜点也略有不同。

尝一下水果的味道，酌情适量加减，

或者多放一些甜味剂，或者将水分煮干，或者用柠檬榨汁。

就像做高汤一样，做法简单方便。

享受不同味道的组合变化，

轻松做出各种花样的甜点。

说到底水果本来就是一种甜点。

● 快手甜点

焦糖苹果

10 分钟

　　用苹果溢出的水分做成焦糖，淋在苹果上。火太小的话容易做成煮苹果，没有焦化的话味道太甜，太焦的话又白费工夫了。这是一道惊心动魄的快手甜点，一瞬间的判断就能决定成败。做成功的话味道非常好哦！

材料（2人份）

苹果……2个
柠檬汁……少许
甜菜糖……约苹果重量的10%

> 只要有苹果就可以，用更简单的方法，做出更复杂的甜点。

a

1 将苹果切4等份后削皮，然后横着对半切，放入碗内，淋上柠檬汁。

2 铁平底锅内铺上甜菜糖，紧紧塞满苹果（a）。

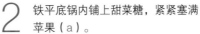

b

3 大火加热2，等待甜菜糖全部熔化，等到气泡变大、变成茶褐色后（b），将苹果翻面（c）。

c

4 等苹果呈焦黄色后，晃动平底锅（d），将焦糖均匀裹在苹果上，关火。

d

*如果在步骤3甜菜糖上色之前翻面，就会做成水分很多的糖煮苹果。切记不要随便乱动，要慢慢等待。

美味食用方法
和豆浆香草冰激凌（P.92）一起食用。

Q 只有一个苹果可以吗?

可以。使用较小的平底锅,
这样苹果也可以紧紧塞满。

●简单甜点

腌渍春季水果

10 分钟

酸甜可口的春季水果和香甜的香草相互组合。

最后放入香蕉。

材料（4人份）

草莓……1盒（净重250g）

八朔橘大号1个（净重200g）

香蕉……1根（净重100g）

Ⓐ 枫糖浆……3大匙

　白葡萄酒……1大匙

　香草豆荚……1/2根

*水果混合后净重500g~600g。

1 将香草豆荚里的籽剖出，放入Ⓐ中均匀混合。

2 方盘内放入切块的草莓和八朔橘，淋上Ⓐ搅拌均匀，放入香草豆荚，放入冰箱冷藏1小时以上入味。

3 食用前放入切块的香蕉。

●简单甜点

腌渍夏季水果

10 分钟

清爽的夏季水果用柠檬和肉桂调味。

搭配香草冰激凌味道更佳。

材料（4人份）

蜜瓜……净重250g

菠萝……净重200g

蓝莓……100g

肉桂……1根

柠檬片……1片

Ⓐ 枫糖浆……3大匙

　柠檬汁……2小匙（10g）

■ **做法**

方盘内放入切块的蜜瓜、菠萝和蓝莓，淋上Ⓐ搅拌均匀，放入肉桂和柠檬片，放入冰箱冷藏1小时以上入味。

*也可以用4~5片柠檬片代替柠檬汁使用。

剩余的糖浆，可以放入红茶，也可以放入无糖苏打水中饮用。

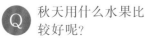
秋天用什么水果比较好呢？

使用洋梨、软柿子、葡萄等味道也很好。

●烘烤甜点

酥皮水果

10 分钟　　**30** 分钟

新鲜的水果放上酥皮烘烤而成。酥皮的粉类，可以用低筋面粉，用中筋面粉或者米粉味道也很好。如果酥皮的材料不齐全，只需备齐油、粉类和甜味剂就可以（超简单版）。让一个普通的苹果焕然一新。

材料（2人份）

苹果（或喜欢的水果）……净重200g～250g

Ⓐ 面粉（或者米粉）……4大匙

　杏仁粉……2大匙

　椰子油（或者菜籽油）……2大匙

　甜菜糖……2大匙

　燕麦……1大匙

　核桃（切碎末，也可以不放）……2个

＊建议选用红玉苹果。
没有的话在苹果上淋上柠檬汁（适量）。

1　苹果切小块（如果不是红玉苹果的话，需要淋上柠檬汁）。

2　碗内放入Ⓐ，用叉子搅拌均匀。椰子油溶化或者搅拌成团都不要紧。搅拌成团的话用叉子搅碎（a）。

a

3　耐热容器内薄薄涂上椰子油（分量以外），摆上1（b），放上2（c）。

4　放入烤箱180℃烘烤30分钟。

b

＊使用甜菜糖和柠檬汁，来调整苹果的甜味和酸味。
＊面粉可以选用中筋面粉、低筋面粉和全麦粉。
＊选择菜籽色拉油。
＊P.41图片右边是苹果，左边是菠萝。

c

酥皮酥脆，水果肉质绵软。
一款决不会失败的甜点。

美味创意

放入肉桂粉或者生姜粉味道也很好。也可以用草莓、覆盆子、菠萝、洋梨等代替苹果。

酥皮·超简单版

最简单版酥皮。味道很好！

面粉（或者米粉）……50g

椰子油（或者菜籽油）……2大匙

甜菜糖……2大匙

●浓稠慕斯

牛油果巧克力慕斯

10 分钟

使用完全成熟的牛油果，最好当天食用。

材料（4人份）

牛油果……净重100g
香蕉……净重100g
嫩豆腐……100g
豆浆……50g
可可粉……3大匙（18g）
枫糖浆……2½大匙
朗姆酒……⅔小匙

a

■ 做法

将所有的材料用搅拌机（或者电动打蛋器）搅拌到顺滑（a）。

*可以用1小匙香草精，或者少许肉桂粉代替朗姆酒。

●浓稠慕斯

草莓香蕉慕斯

10 分钟

也可以用覆盆子或者橙子代替草莓。

材料（4人份）

Ⓐ 草莓……净重150g
香蕉……净重100g
嫩豆腐……100g
蜂蜜（或者龙舌兰糖浆）……2½大匙

椰子油……（已熔化）50g

■ 做法

将Ⓐ的材料用搅拌机（或者电动打蛋器）搅拌到顺滑，最后放入熔化的椰子油使其乳化。
*注意椰子油不要太热。放入椰子油后，如果水分较多，可以放入冰箱冷藏使其黏稠。
*乳化…水和油均匀混合的状态。

只需搅拌即可！
10分钟快速完成
一款水果慕斯。

Q 用老豆腐可以吗？

老豆腐的豆腐味道浓郁，不建议使用。
一定要用老豆腐制作的话，先水焯再放凉后使用。

●烘烤甜点

苹果酸奶蛋糕

20 分钟　　**35** 分钟

　　小时候特别喜欢育子小姐的苹果酸奶蛋糕，所以经常做来吃，长大后才知道，这是一种类似布丁的甜点。虽然知道一定要有鸡蛋和乳制品才能做出来，但是也开始试着创新。只需将材料放入一个碗内搅拌均匀就好。苹果裹上甜菜糖，溢出水分，就用这些水分将苹果煮熟，这样苹果不会变得水分较多，不管哪个品种的苹果都很好吃。烘烤时，整个蛋糕完全膨胀，这样就烤熟了。刚烤完可能有些黏稠，等蛋糕冷却，里面的琼脂受冷凝固，蛋糕也变得好吃了。第二天味道也很好，可以做好后静置一天。

寒冷的季节特别想念这个味道，珍藏已久的一款冬季甜点。已经松软的苹果，仿佛获得了新生。

不管哪种苹果
做出来都很好吃。

 无法顺利脱模。 放凉完全凝固后再切，这样就能顺利取出了。

◎苹果酸奶蛋糕的做法

材料（直径20cm的耐热模具1个）

苹果……净重300g

Ⓐ 甜菜糖……1½大匙（15g）
　 朗姆酒……2小匙

Ⓑ 低筋面粉……50g
　 杏仁粉……25g
　 甜菜糖……50g
　 琼脂……1小匙（2g）
　 盐……1小撮

Ⓒ 豆浆酸奶……250g
　 菜籽油……2大匙

美味创意
放入肉桂粉或者葡萄干味道更佳。
洋梨布丁味道也很好。

◆ ◆ ◆

美味食用方法
放入酸奶奶油酱（P.50）。

1　准备苹果

将苹果切成1口大小，放入小锅内，裹上A静置。

2　煮苹果

苹果溢出水分后转小火，沸腾后盖上锅盖加热2分钟，打开锅盖，继续加热1~2分钟，让水分蒸发。

{ 要点 }

苹果溢出水分。

从中间向外侧一点点慢慢搅拌，这样没有疙瘩、搅拌到顺滑。

3
搅拌粉类

将Ⓑ放入碗内，用打蛋器搅拌均匀，取出疙瘩。

4
放入液体

在粉类中间挖个洞，倒入Ⓒ，用打蛋器从中间向外侧一点点慢慢搅拌，搅拌到顺滑。

5
倒入模具

使用PILLIVUYT的花瓣状耐热容器。

模具上涂抹油（分量以外），放入2的苹果，倒入4，上面再放上苹果。

6
烘烤

放入烤箱180℃烘烤30～35分钟。蛋糕中间完全膨胀，这样就烤好了。如果膨胀不够的话，就继续烘烤。放凉，放入冰箱冷藏。

模具涂抹上油。

倒入面糊。

＊豆浆酸奶可以在天然食品商店等地方买到。也可以使用益生菌自己制作。

●烘烤甜点

覆盆子克拉芙缇

15 分钟　**30** 分钟

只需将覆盆子轻轻放在蛋糕上，无须压入蛋糕里。烘烤后周围的面糊会膨胀。

用小烤碗或蒸碗烘烤1人份，趁热用汤匙舀取食用，做法简单又好吃。

材料（18cm圆模具1个）

Ⓐ 低筋面粉……70g
　 杏仁粉……30g
　 泡打粉……4g（1小匙）

嫩豆腐……150g
菜籽油……50g

Ⓑ 甜菜糖……60g
　 盐……1小撮
　 香草精（或者朗姆酒）……2小匙

Ⓒ 覆盆子（冷冻的也可以）……80g

1 碗内放入Ⓐ，用打蛋器搅拌均匀，取出疙瘩。

2 另取一碗放入豆腐，用打蛋器搅拌成泥状，边一点点放入菜籽油，边从中心向外侧慢慢搅拌，使其乳化（a）。放入Ⓑ，搅拌到甜菜糖基本熔化（b）。

3 将1放入2内，用打蛋器搅拌到没有干粉，表面紧紧覆上保鲜膜（c），放入冰箱冷藏15分钟以上。

4 模具内涂抹上油（分量以外），倒入面糊，放上覆盆子（d），放入烤箱180℃烘烤30～35分钟，烤至面糊完全膨胀、呈金黄色就可以了。

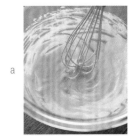
a

b

c

*只需将覆盆子轻轻放在蛋糕上，不要按压。
*冷冻覆盆子无须解冻，直接使用即可。

d

绵润香甜的蛋糕上，放上入口即化、酸甜可口的覆盆子。

美味创意

用杏、草莓、樱桃制作味道也很好。

可以用小布丁模具烘烤一人份。但要缩短烘烤时间。

Q 覆盆子变黑了。 如果温度过高，覆盆子容易变黑。
即使用同样的温度，烤箱不同，火力也有差异，要酌情调整温度。

酸奶奶油酱

【材料】

Ⓐ 豆浆酸奶……400g

甜菜糖……20g（根据喜好酌情加减）

盐……少许

椰子油（已熔化）……60g

【做法】

1 豆浆酸奶放入咖啡过滤器静置1晚，沥干水分，准备150g。

2 将Ⓐ放入食物料理机搅拌2分钟，混入空气，继续转动食物料理机，一点点放入椰子油，使其乳化。

3 倒入方盘内，放入冰箱冷藏凝固。

*400g豆浆酸奶静置1晚，沥干水分，剩余约150g。

• • •

酸奶奶油酱

蓬松柔软、酸奶味道的奶油酱。温度上升后容易融化，要趁凉食用。

椰奶奶油酱

爽弹顺滑、椰奶味道的奶油酱。适合搭配南方水果。

椰奶奶油酱

【材料】

面粉（或者米粉）……15g

椰子油（或者菜籽油）……2大匙

Ⓐ 椰奶……200g

豆浆……100g

甜菜糖……35g（根据喜好酌情加减）

朗姆酒（不放也可以）……1小匙

【做法】

1 锅内放入椰子油，微火加热熔化，关火放入面粉，用木铲搅拌至没有疙瘩、质地顺滑。

2 放入Ⓐ搅拌均匀，中火加热，不断搅拌，沸腾后转小火，保持略微沸腾的状态煮3分钟，关火，倒入朗姆酒。

3 倒入方盘内，放凉，放入冰箱冷藏。

*不喜欢酒精的，放入朗姆酒煮开，让酒精蒸发。

*面粉可以用中筋面粉，也可以用低筋面粉。

*想让奶油酱略硬一点，可以多放入5g面粉。

豆腐甘纳许奶油酱

味道浓郁醇厚的巧克力奶油酱。抹在吐司面包上味道也很好。放在冰激凌上，可做成可爱的芭菲。

直接搭配水果味道就很好。

可以搭配果冻、布丁、冰激凌，

变化出各种美味的甜点。

做法简单
用处大！

甜点搭配

豆腐甘纳许奶油酱

【材料】

嫩豆腐……300g

Ⓐ 可可粉……25g
　 枫糖浆……3大匙
　 橙子香精……1小匙（或者朗姆酒1大匙）
　 盐……1小撮

椰子油（已熔化）……50g

【做法】

1 豆腐切成8等份，放入水中小火加热，沸腾后转微火煮10分钟，放在笊篱上，沥干水分，取出200g。

2 豆腐趁热和Ⓐ一起放入食物料理机，搅拌约2分钟，搅拌到顺滑，继续转动食物料理机，一点点放入椰子油使其乳化。

3 倒入方盘内，放入冰箱冷藏凝固。

*使用食物料理机时，不时将电源切断，用刮刀刮落粘在内侧或者底部的奶油酱。

*没有椰子油时，可以放入1大匙菜籽油，做法相同（但做不出松软的感觉）。

*想要增添香味，可以放入2小匙君度橙酒或者香橙丁邑甜酒。

｛奶油酱的食用方法｝

如果备有奶油酱，只需和水果搭配，就能做出豪华的甜点。

如果直接食用，略酸的水果味道都能变得更好。

适合搭配腌渍水果（P.38）。

豆腐甘纳许奶油酱（P.51）
×
夏蜜橘

椰奶奶油酱（P.50）
×
菠萝·蓝莓

酸奶奶油酱（P.50）
×
草莓·猕猴桃·
饼干碎（P.103）

●高级甜点

绵软草莓慕斯

30 分钟

用食物料理机搅打成泡沫，倒入琼脂液，快速冷却凝固。要在琼脂液冷却前迅速操作。操作熟练的话，就能做出绵软的慕斯了。这款慕斯，是本书中唯一一种需要提前练习的甜点。

材料（8~10人份）

Ⓐ 草莓……1盒（净重250g）
　甜酒（浓缩型）……200g
　嫩豆腐……150g
　蜂蜜（或者龙舌兰糖浆）……2大匙
　柠檬汁……2小匙（10g）
　盐……少许

Ⓑ 豆浆……200g
　琼脂……5g

椰子油（已熔化或用菜籽油）……3大匙

质地绵软轻盈，
泡沫般的春季慕斯。

1 小锅内放入豆腐和能没过豆腐的水（分量以外），中火加热，沸腾后转小火煮5分钟，放在笊篱上，在笊篱上捣碎，沥干水分。

2 将Ⓐ放入食物料理机（a），搅拌至顺滑。

3 将Ⓑ放入小锅内搅拌均匀，小火加热到沸腾（b），之后转微火继续加热3分钟。

4 将2趁热用食物料理机继续搅拌，搅拌2分钟，一点点放入椰子油使其乳化，将3全部放入（c）。

5 全部搅拌均匀后，立刻倒入容器（d），放入冰箱冷藏凝固。

a

b

c

d

*将容器快速冷却，趁泡沫没有消失迅速凝固，这样质地会变得绵软。盘底放上盛满凉水的大方盘，使其冷却。

Q 没有完全凝固。 步骤4放入琼脂液时，温度过低无法顺利凝固。
另外，一定要在食物料理机正在运转的时候放入。

椰子油的故事

　　椰子油，是几种油中最难氧化、不含反式脂肪酸的一种油。有预防疾病、提高免疫力、美肤养发等多种保健、美容功效。

　　本书中的椰子油，因温度不同，相应变成固体或者液体，利用椰子油的特质，制成了各种甜点（椰子奶油、椰奶中也含有椰子油）。

◎让慕斯或者布丁凝固

　　使用椰子奶油的布丁（P.76椰子奶油布丁、P.80芒果布丁、P.84卡仕达布丁等），完全凝固，方便脱模，但和琼脂的坚硬不同，入口即化、味道非常好。顺滑的液体中不放入琼脂粉或者葛粉，也可以凝固（P.42牛油果巧克力慕斯、草莓香蕉慕斯）。

◎做出酥脆的口感

　　椰子油作为固体时，混入面糊中烘烤，要比放入黄油做出来的口感更酥脆轻盈（P.40酥皮水果等）。

特点

24℃ 以下时为固体

24℃以下，凝固成白色奶油状

24℃ 以上时为液体

24℃以上，形成无色透明的液体

◎ 混入空气

椰子油有"乳化性"，和甜味剂一起搅拌时会混入空气，利用这种特性，做出松软的奶油酱或者慕斯（P.50酸奶奶油酱、P.51豆腐甘纳许奶油酱、P.54绵软草莓慕斯等）。

◎ 低温凝固成固体

椰子油呈液体状时，放入可可粉或者甜味剂，冷却凝固，做出类似巧克力般的口感（P.58椰子油生巧克力、P.102脆皮巧克力酱）。

液体状的植物油难以做到的事情，椰子油可以轻松做到。温度上升到24℃以上，椰子油熔化，用来制作甜点，做出入口即化的口感。由液体凝固成固体的过程中，容易乳化，即使不放入乳制品，也能做出奶油般浓郁的味道。

其中的"椰子油生巧克力"（P.58），制作方法惊人地简单，一定要尝试一下。

*本书中使用的"菜籽油"，都可以用椰子油代替。

用法

熔化使用

将凝固的椰子油熔化成液体时，要隔水加热熔化。将椰子油放入耐热容器中，用盛有热水、加热到沸腾的小锅隔水加热就可以了。

简单小窍门

● 盘子或者烹饪工具粘上椰子油时，用温水可很容易清洗掉。

● 使用凝固的椰子油时，用吃饭的叉子可以轻松叉取。

●魔法巧克力

椰子油生巧克力

10 分钟

　　只需将椰子油熔化，和其他材料均匀混合即可。只要不弄错放入材料的顺序，小孩子做这款巧克力都不会失败。椰子油内放入龙舌兰糖浆后，一开始油水分离，等待温度下降，周边开始凝固时搅拌，就能轻松地乳化了。这种方法都不需要温度计。放入豆浆粉，口感更顺滑，能做出牛奶般的味道，也可以放入花生酱，味道也很好。没有的话不放也可以，凝固时放入干果或者果仁，别有风味。夏天将做好的生巧克力放入冰箱冷冻，每次只拿出食用的分量就可以。

操作时间只有10分钟！
入口即化的生巧克力。
使用工具少，
无须温度计的秘密做法。

只需在开始凝固时搅拌！

Q 没有豆浆粉或者花生酱。

都没有也可以做生巧克力。
静候至开始凝固，用力搅拌使其乳化。

◎ 椰子油生巧克力的做法

材料（方便制作的量）

椰子油（已熔化）……100g

Ⓐ 可可粉……30g
┗ 豆浆粉（不放也可以）……25g

龙舌兰糖浆……50g
可可粉（装饰用）……适量

甜味剂可以用蜂蜜
或者龙舌兰糖浆代替！

1

熔化椰子油

将椰子油倒入杯子内，隔水加热至熔化
（夏天室温熔化即可）。

2

搅拌

碗内放入Ⓐ和1，用打蛋器搅拌均匀，
搅拌到顺滑后放入龙舌兰糖浆，搅拌均
匀（会油水分离）。

{ 要点 }

豆浆粉可以在天然食
品商店中买到。

没有豆浆粉的话，放
入花生酱味道也很
好。

用杯子做
生巧克力的
方法

将配方中的分量减
半，用1个杯子就能
轻松做出来了。

3 冷却

放入冰箱冷藏，温度下降，等待至周边开始逐渐凝固（冬天室温静置凝固即可）。

4 乳化

用打蛋器搅拌均匀，搅拌到顺滑（将干燥的巧克力液搅拌至奶油状）。

5 倒入模具

迅速倒入模具，将表面抹平，放入冰箱冷藏凝固。

6 完成

切成喜欢的大小，撒上可可粉，放入冰箱冷藏保存（夏天冷冻保存）。

美味创意

香草生巧克力

将半根香草豆荚剖开，取出香草籽放入，立刻能提升质感，味道也更好。

花生生巧克力

使用20g花生酱代替豆浆粉，在步骤2中放入。

酒糟生巧克力

使用20g酒糟代替豆浆粉，在步骤2中放入。

• • •

简单小窍门

步骤2中，随着搅拌会慢慢凝固，继续搅拌均匀，倒入模具就可以了。

里面铺上烘焙纸，方便取出。

{ 知识点 }

杯子内倒入椰子油（已熔化）

▶

放入可可粉和豆浆粉搅拌均匀

▶

搅拌到顺滑后放入龙舌兰糖浆，继续搅拌，和步骤3之后做法相同。

*在步骤3凝固变硬时，待到剩余约一半固体的状态时，开始搅拌。

*放入冰箱冷藏可保存2周，冷冻可保存1个月。

朗姆酒渍葡萄干生巧克力

无花果生巧克力

造型生巧克力

腰果生巧克力

{生巧克力的简单创意}

可以放入果仁、干果、香料、酒等各种材料，自由发挥创意吧。

做出私家专属生巧克力。如果放入粉末，要和可可粉一起放入，如果放入液体，

就和龙舌兰糖浆一起放入，如果放入固体，要最后放入。

朗姆酒渍葡萄干生巧克力

速成巧克力。
想深夜独自品尝的味道。

【材料】
椰子油生巧克力（P.60）……配方中的分量
朗姆酒渍葡萄干（P.102）……100g

【做法】
朗姆酒渍葡萄干拭干水分，准备配方中的分量。和生巧克力液均匀混合，倒入方盘，放入冰箱冷藏凝固。

腰果生巧克力

入口即化的生巧克力，
适合搭配略微柔软的果仁。

【材料】
椰子油生巧克力（P.60）……配方中的分量
腰果……100g

【做法】
腰果放入烤箱150℃烘烤15分钟，放凉备用。和生巧克力液均匀混合，倒入方盘，放入冰箱冷藏凝固。

无花果生巧克力

对无花果爱好者来说真是无法抗拒的美味。
适合搭配香浓的红茶一起食用。

【材料】
椰子油生巧克力（P.60）……配方中的分量
无花果干……100g
白葡萄酒……1小匙

【做法】
将无花果切大块，淋上白葡萄酒入味。摆在方盘内，从上方淋下生巧克力液，放入冰箱冷藏凝固。

造型巧克力

倒入喜欢的模具，
放上喜欢的果仁。

【材料】
椰子油生巧克力（P.60）……配方中的分量
喜欢的果仁

【做法】
将生巧克力液倒入喜欢的模具，放上果仁，放入冰箱冷藏凝固。加入肉桂粉，味道也很好。

*夏天可以切块后冷冻保存。取出食用的分量，立刻放入口中。冬天常温保存就可以。

Pudding
& Bavarois

布丁和芭芭露

虽然没有蛋糕华美，却比果冻豪华。

虽然算不上著名女演员，却也是平民偶像。

能得到如此赞誉的甜点，非布丁和芭芭露莫属了。

用琼脂或者葛粉做的布丁和芭芭露，味道轻盈，

能品尝到常常怀念的味道。

而且，对做甜点的人来说，

没有比这更能变化出各种口感的甜点！

要想做出顺滑爽弹的口感，只能努力练习。

想要养育偶像，不是也需要一点儿功夫嘛。

● 基础布丁

豆浆布丁

15 分钟

将植物材料做成美味布丁的关键，在于放入葛粉。首先，将葛粉完全溶解。如果没有充分溶解，容易形成疙瘩。其次，要快速搅拌，使葛粉在沸腾前不会沉入锅底。葛粉沉入锅底容易煮焦，也难以煮熟。沸腾后，用木铲像摩擦锅底一样，朝一个方向慢慢搅拌，注意不要混入空气。胡乱搅拌，容易混入空气，会影响成品的味道。葛粉完全溶解，慢慢煮熟，就可以做出口感顺滑、味道柔和的布丁。首先，尝试一下这款葛粉用量较少的布丁吧。

用豆浆和葛粉，做出最简单的布丁。口感不甜，适合搭配黑蜜和黄豆粉。

简单变换一下
就是黑芝麻布丁！

Q 制作黑蜜太麻烦了。 ⋮ 搭配龙舌兰糖浆和黄豆粉，味道也很好。

◎豆浆布丁的做法

材料（6个）
Ⓐ 水……50mL
琼脂粉……1小匙（2g）
Ⓑ 豆浆……300g
甜菜糖……3大匙（30g）
葛粉（粉末）……2大匙（10g）
盐……1小撮
Ⓒ 豆浆……250g

葛粉有粉末和固体两种。

1 浸泡琼脂

锅内放入Ⓐ，静置约5分钟。

2 溶解葛粉

放入Ⓑ，用木铲（或者橡皮刮刀）搅拌均匀，将疙瘩搅碎。

{ 要点 }

使用固体葛粉时，用滤网过筛²。

3

加热

边用木铲搅拌边中火加热，沸腾后转小火，边像摩擦锅底一样不断搅拌，边加热3分钟，关火。

5

倒入模具

过滤到喜欢的模具中。

美味创意

黑芝麻布丁（P.66）
用250g豆浆溶解15g黑芝麻碎，做法相同。用白芝麻碎味道也很好。

◆ ◆ ◆

美味食用方法

搭配红豆馅或者豆沙馅，味道也很好。

适合搭配抹茶果冻（P.26）。

4

倒入剩余材料

倒入ⓒ，搅拌均匀。

6

完成

舀出表面的泡沫，放凉，放入冰箱冷藏凝固。搭配黄豆粉和黑蜜（P.75）食用。

加热放入葛粉的材料时，要边加热，边不断搅拌以免葛粉沉底。

边不断搅拌让葛粉不要接触锅底，边加热到略微沸腾。

将葛粉煮熟，形成干燥的黏稠状。不继续煮的话，会黏在一起。

●经典布丁

枫糖浆巧克力布丁

20分钟

这款布丁葛粉用量较多，注意不要煮焦，朝一个方向搅拌，尽量不要混入空气，做成黏稠醇厚的口感。放上橙子酱味道更好。放入15g可可粉味道柔和，放入20g可可粉味道略苦。

材料（6人份）

Ⓐ 水……50mL
　琼脂粉……1小匙（2g）

Ⓑ 豆浆……400g
　葛粉（粉末）……20g
　盐……1小撮

Ⓒ 可可粉……15g
　枫糖浆……4½大匙
　花生酱……1大匙
　菜籽油……1大匙
　橙子香精……½小匙

*步骤1中如使用固体葛粉，加热前要用滤网过筛。葛粉用量较多，使用较厚的锅才能顺利煮好。

1 小锅内放入Ⓐ，静置约5分钟，放入Ⓑ，用木铲搅拌均匀，将疙瘩搅碎。

2 边用木铲搅拌边中火加热，沸腾后转小火，边用木铲像摩擦锅底一样不断搅拌，边保持稍微沸腾的状态加热3分钟。

3 保持小火，放入提前搅拌好的Ⓒ（a），搅拌均匀，关火。

4 倒入喜欢的杯子，放凉，放入冰箱冷藏凝固。

橙子味道浓郁的巧克力布丁。放入大量朗姆酒，口感醇厚。

a

美味创意

用1大匙椰子油代替菜籽油，做法相同，做出巧克力般的口感。

可以用1½小匙朗姆酒代替橙子香精。放入朗姆酒渍葡萄干（P.102）味道更好。

美味食用方法

在巧克力芭芭露上，放上豆腐甘纳许奶油酱（P.51），做成超豪华的巧克力甜点。

● 经典布丁

甜酒布丁·苹果酱汁

15 分钟

黏稠的苹果酱汁和甜酒混合，味道更好。虽然外表并不华丽，但吃了一次还想再吃，结果就一直

只做这个，真是一款不可思议的布丁。

不使用葛粉，所以不需要技巧，非常简单！

材料（6个）

Ⓐ 水……50mL
　琼脂粉……1小匙（2g）

Ⓑ 豆浆……400g
　盐……1小撮

Ⓒ 甜酒（浓缩型、a）……150g
　菜籽油……1小匙
　枫糖浆……1大匙

*选用浓缩型的甜酒。白米和玄米都可以。

1 锅内放入Ⓐ，静置约5分钟，放入Ⓑ，中火加热，沸腾后转小火，边不时搅拌边加热3分钟，关火。

2 将Ⓒ搅拌均匀（b），放入1，继续搅拌，倒入容器。放凉，放入冰箱冷藏凝固，淋上苹果酱汁（P.74）食用。

*使用MARUKURA食品的甜酒，做出的味道甜美柔和。使用OHSAWA JAPAN的甜酒，做出的味道清冽爽口。用枫糖浆酌情调整甜度。

吃过一次就欲罢不能，简单美味的布丁！

b

Q 使用自家酿的甜酒可以吗？

自家酿的甜酒，酿法不同，甜度也不同，尽量使用味道浓郁的甜酒，用枫糖浆调整甜度。

材料（方便制作的量）

草莓……净重250g
蜂蜜（或者龙舌兰糖浆）……2½大匙
柠檬汁……½小匙

做法

1 锅内放入所有材料，静置等待溢出水分。
2 用较大的中火加热 **1**，边用木铲将草莓搅碎，边加热2分半钟，使其沸腾（煮出种子里面的果胶，快速黏稠，能短时间煮好）。中间撇去浮沫。
3 趁着酱汁热的时候，倒入保存的瓶子里，把瓶子浸到冷水中快速冷却。

材料（方便制作的量）

苹果……大号1个（净重250g）
Ⓐ 水……150mL 柠檬汁……2½小匙
蜂蜜（或者龙舌兰糖浆）……2大匙

做法

1 锅内放入Ⓐ，将苹果切4等份后削皮，切成5mm的薄片，迅速放入锅内（快速操作是防止苹果变色的关键）。
2 中火加热，沸腾后撇去浮沫，转小火，盖上锅盖，加热约15分钟，将苹果煮软。
3 保持小火，用木铲将苹果捣碎，放入蜂蜜再煮沸，关火。放凉，放入冰箱冷藏。

开始不放入甜味剂，只用柠檬水煮，这样苹果能立刻煮软。

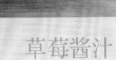

草莓酱汁

短时间煮好后快速冷却，
得到令人惊艳的红色美味。

苹果酱汁

苹果只用柠檬水煮，
之后放入甜味剂。

材料（方便制作的量）

椰子糖（或者甜菜糖）······100g
水······50mL

做法

小锅内放入椰子糖和水，边搅拌均匀边小火加
热。沸腾后边撇去浮沫边煮1分钟，关火。

黑蜜

低GI值黑蜜。
撇去浮沫，得到清爽的味道。

●造型布丁

椰子奶油布丁

15 分钟

这款布丁最适合用来做各种造型。可以选用较大的芭芭露模具，或者较小的布丁模具，选择自己喜欢的模具就好。冷却后椰子奶油形成独特的硬度，不管哪个模具都能顺利地脱模。椰子奶油要比椰奶质地浓厚，和葛粉混合后难以分离，可以做出奶油般柔软的甜点，没有的话也可以用椰奶代替。因为需要长时间加热，加热到咕嘟咕嘟地沸腾，口感容易变差，所以要最后一点点放入，使其均匀混合。虽然非常适合搭配草莓酱汁（P.74），但做法比较复杂，可以使用简单的水果酱汁（P.79）。

如白雪公主般雪白的布丁。
淋上大量红草莓酱汁一起食用。

淋上草莓酱汁
味道十分惊艳！

Q 没有较大的模具。······可以倒入小布丁模具或者玻璃杯，
也可以用珐琅方盘制作，再切块食用。

◎ 椰子奶油布丁的做法

材料（6人份）
Ⓐ 水……150mL
琼脂粉……1小匙（2g）
Ⓑ 葛粉（粉末）……1½大匙（7.5g）
盐……1小撮
椰子奶油……1罐（400mL）
蜂蜜……3大匙

用椰子奶油制作，
质地顺滑，口感醇厚，
用椰奶制作，
味道清爽。

1 浸泡琼脂

锅内放入Ⓐ，静置约5分钟。

2 溶解葛粉

放入Ⓑ，用木铲（或者橡皮刮刀）搅拌均匀，将疙瘩搅碎（使用固体葛粉时，加热前用滤网过筛）。

{ 要点 }

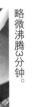
略微沸腾3分钟。

颜色变透明，煮到黏稠就可以了。

放入一点奶油。

3 加热

边用木铲搅拌边中火加热，沸腾后转小火，边像摩擦锅底一样不断搅拌，边保持略微沸腾的状态加热3分钟（参考要点）。

5 倒入模具

用水浸湿喜欢的模具，倒入4。放凉，放入冰箱冷藏凝固。

4 放入椰子奶油

保持小火，边一点点放入椰子奶油搅拌，等全部放入搅拌顺滑后，放入蜂蜜搅拌，关火。

6 脱模

检查5是否凝固，然后脱模。淋上草莓酱汁（P.74）就可以了。

美味创意

奶油杏仁豆腐
步骤4最后放入1½小匙杏仁香精，做成奶油杏仁豆腐。

• • •

简单创意

如想减轻椰子味，将400mL椰奶换成200ml豆浆+200mL椰子奶油，做法相同。

简单水果酱汁

将市售的无糖果酱用100%纯果汁稀释，轻松做成酱汁。蓝莓果酱搭配苹果汁，橙子酱搭配橘子汁等。

搅拌。

再放入一些。

搅拌。均匀混合后倒入剩余的就可以了。

可以用水浸湿方盘，当作模具使用。

●应季布丁

芒果布丁

15 分钟

芒果质地黏稠，不需要使用葛粉。只需用琼脂和水，略微煮一下，立刻就能凝固，是非常适合夏季的一款布丁。

根据选用的芒果的状态，略微调整硬度和甜度，味道更好。

a

材料（6个）

Ⓐ 水……250mL
　琼脂粉……1小匙（2g）
　盐……1小撮

Ⓑ 椰子奶油……200g

Ⓒ 芒果（净重）……250g
　蜂蜜……3½大匙
　柠檬汁……1小匙（5g）

太阳般美丽的颜色。
有着水果的清香，
娇嫩的夏季布丁。

1 小锅内放入Ⓐ，静置约5分钟，中火加热，煮到咕嘟咕嘟地沸腾后转小火，边不时搅拌边加热3分钟。

2 保持小火，一点点放入Ⓑ搅拌均匀，全部放入后加热到接近沸腾，关火。

3 碗内放入Ⓒ，用搅拌机（或者食物料理机）搅拌（a）到顺滑，再放入2搅拌均匀。

4 倒入容器中，放凉，放入冰箱冷藏凝固。

*步骤3中，如果芒果含有筋络，要去除。如果没有搅拌机，也可以使用滤网。
*根据芒果的水含量、糖度，调整水、蜂蜜、柠檬汁的用量。
*没有椰子奶油的话，也可以使用椰奶。如用豆浆制作，味道更为清爽。

Q 可以用瓶装的芒果泥制作吗?

可以。要选择没有放入甜味剂的芒果泥。
使用冷冻芒果制作味道也很好。

●应季布丁

烤南瓜布丁

 20分钟   30分钟

如果有不太甜的南瓜，一定要做一下这款布丁。刚烤好的布丁非常松软，放凉后质地略硬，建议放入朗姆酒渍葡萄干，做成不是红薯、类似甜南瓜的布丁。淋上黑蜜，味道更好。

材料（4人份）*100mL蒸碗4个

蒸熟的南瓜……200g（约¼个）

Ⓐ 豆浆……100g
椰子奶油……75g
甜菜糖……40g
葛粉（粉末）……1大匙（5g）
琼脂粉……1小匙（2g）
肉桂粉……½小匙
盐……1小撮

*模具可以使用珐琅方盘或者蒸盘等耐热容器。

秋天一到，就特别想念这种味道。一款质地略硬的烤布丁。

1　将南瓜切成1口大小，蒸约10分钟，蒸软后剥皮，准备200g。

2　碗内放入1和Ⓐ，用搅拌机（或者食物料理机）搅拌（a）。

3　倒入模具（b），放入预热到170℃的烤箱，烘烤30分钟（c）。

a

b

c

用小锅简单蒸煮的方法

小锅内放上笊篱。倒入水，不
要漫过笊篱，放上南瓜，盖上
锅盖蒸熟（d）。

d

●魔法布丁

卡仕达布丁

30 分钟

一定要品尝一下这款布丁。是一种尝到就会开心一笑的布丁。

决定这款布丁成品的关键，是焦糖。普通的布丁是在焦糖上倒入布丁液再加热。这款布丁无须加热，所以如果焦糖质地过硬，就不会溶化，能保留形状，将布丁翻过来后表面会凹凸不平。反过来，如果质地过软，倒入布丁液时会相互融合，做成含大量水分的焦糖，混入大量空气容易变硬。

首先制作焦糖，进展顺利的话再做布丁液。

说起布丁一定会想到这个。昭和偶像级别的甜点，永远是我们怀念向往的味道。

搭配水果、巧克力、冰激凌，就是法式布丁。

Q 用来练习的焦糖怎么处理呢?

倒入豆浆煮沸，做成焦糖豆奶饮用。
放入茶包，也可以做成焦糖奶茶。

◎ 卡士达布丁的做法

材料（6个）

蒸熟的南瓜（去皮）……40g
香草豆荚……½根

Ⓐ 豆浆 550mL
　甜菜糖……50g
　葛粉（粉末）……20g
　琼脂粉……1小匙（2g）
　盐……1小撮

Ⓑ 椰子奶油……50g
　菜籽油……1大匙
　朗姆酒……1小匙

焦糖
甜菜糖……45g
水……1大匙
热水……3大匙

不用鸡蛋和牛奶。
不用蒸煮！

1 放入焦糖

制作焦糖（参考要点），趁热倒入布丁模中。

2 剖开香草豆荚

将香草豆荚纵向剖开，用刀背取出香草籽。

{ 要点 }

焦糖的做法

用汤匙搅拌甜菜糖和水。

用略强的中火加热约1分半钟（锅的边缘开始变成焦黄色）。

快速晃动锅，整体变成焦黄色。

3 搅拌材料

碗内放入蒸熟的南瓜，用打蛋器搅碎，放入Ⓐ和2，搅拌均匀。

5 煮熟

边用木铲搅拌边中火加热，沸腾后转小火，边像摩擦锅底一样不断搅拌，边保持略微沸腾的状态加热4分钟，转小火一点点放入Ⓑ，搅拌均匀，关火。

4 过滤

将3的布丁液用滤网过筛到锅内。

6 倒入容器

在完全凝固的焦糖上，倒入热布丁液。放凉，放入冰箱冷藏凝固（静置一晚，焦糖部分也能干净脱模）。

简单创意

没有椰子奶油时，可以用椰奶代替，做法相同。

做给小孩子吃时，在步骤5中放入Ⓑ，要先倒入朗姆酒，让酒精蒸发。

可以用1½小匙香草精代替香草豆荚，放入Ⓑ的材料内，做法相同。

• • •

美味食用方法

搭配酸奶奶油酱（P.50）食用。

关火，倒入热热水。

用汤匙使劲搅拌，使其混入大量空气，转小火，搅拌至黏稠。

滴入水中能凝固就可以了。

晃动底部，让焦糖均匀覆盖容器底部。

●高级甜点

抹茶芭芭露

25 分钟

这款芭芭露，放入较多葛粉，水煮时注意不要黏在锅底。最后边打发边放凉，做成绵软的口感，但是如果温度下降过快，容易凝固，所以要把握好时机。

材料（6人份）

Ⓐ 水……50mL
　 琼脂粉……1小匙（2g）

Ⓑ 豆浆……400g
　 葛粉（粉末）……20g
　 盐……1小撮

Ⓒ 枫糖浆……5大匙
　 抹茶……1大匙（6g）
　 菜籽油……1大匙

清新美丽的绿色，搭配红豆馅。入口即化，非常惊艳。

1 小锅内放入Ⓐ，静置约5分钟，放入Ⓑ用木铲搅拌均匀，将疙瘩搅碎。
（使用固体葛粉时，加热前用滤网过筛）

2 边用木铲搅拌边中火加热，沸腾后转小火，边用木铲像摩擦锅底一样不断搅拌，边保持略微沸腾的状态加热4分钟，关火。

3 碗内放入Ⓒ，搅拌均匀，放入2，边用打蛋器打发，边放凉（a）。夏季温度很难下降，碗底放上盛有水的大碗，边冷却碗边打发（b），一定不要降到25℃以下。不能使用冰水。

4 倒入方盘（c），放入冰箱冷藏凝固（d）。

a

b

c

d

Q 质地并不绵软。

步骤3中用力搅拌会产生气泡。快速冷却气泡变少，
温度下降过快容易无法凝固。

冰激凌

刚搅拌好的冰激凌真的太好吃啦！

奶油般绵软，味道清香甜美，不输任何一

种甜点。

但是非常容易融化，一定要以闪电般的速

度消灭掉。

想待会儿再吃的话，可以将搅拌好的冰激

凌再冷冻一下。

Ice cream

●基础冰激凌

豆浆香草冰激凌

 15分钟　 2分钟

如果备有豆浆冰激凌粉的话，直接放入食物料理机搅拌2分钟就可以了。想吃冰激凌的时候，马上就能吃上了。直接搅拌做成香草冰激凌，和冷冻水果等其他材料一起搅拌，一会儿工夫就能做成各种各样的冰激凌。尝一下刚搅拌好的冰激凌，香甜可口。再放入冰箱冷冻挖成球，就可以漂亮地盛盘了。可以根据喜好酌情调整菜籽油的用量。放入1大匙，做出的味道比较清爽；放入2大匙，做出的质地如奶油般顺滑。

质地顺滑，入口即化，味道清爽的冰激凌。用冰激凌粉一会儿就做好！

和脆皮巧克力酱非常配哦！

Q 只想做要食用的分量。

将要食用的分量的冰激凌粉放入马克杯中，用电动打蛋器搅拌，
就可以在想吃的时候，吃到刚搅拌好的冰激凌，还是自己喜欢的口味哦。

◎豆浆冰激凌粉的做法

材料（4人份）		
Ⓐ 豆浆……300g		
葛粉（粉末）……10g		
甜菜糖……45g		
盐……1小撮		
Ⓑ 豆浆……100g		
菜籽油……1~2大匙		
香草精……1½小匙		
（或者½根香草豆荚）		

将葛粉完全煮熟后使用

1 溶解葛粉

将Ⓐ放入锅内，用打蛋器搅拌均匀，将疙瘩搅碎（使用固体葛粉时，加热前用滤网过筛）。

2 加热

中火加热1，边用木铲不断搅拌边加热到沸腾，然后转小火，保持略微沸腾的状态加热5分钟，关火。

{ 要点 }

没有香草精的话，可以用香草豆荚。

加热5分钟，煮好的状态。

如果天气太热，可以在碗底放上水，能快速冷却。

3

倒入剩余的材料

放入⑧搅拌均匀，让豆浆和菜籽油乳化。

4

冷冻

放凉后，倒入密封容器，冷冻一晚。这样豆浆冰激凌粉就做好了。

◎ 豆浆香草冰激凌的做法

1

切块

将冷冻至坚硬的豆浆冰激凌粉切碎，放入食物料理机。

2

搅拌

搅拌约2分钟，搅拌至顺滑就做好了。

简单创意

放入1大匙菜籽油，味道比较清爽，放入2大匙的话，质地如奶油般顺滑。

可以用1小匙朗姆酒，或者少许肉桂粉，来代替香草精。

美味食用方法

将脆皮巧克力酱（P.102）淋上（P.92）。和夏蜜橘果冻（P.12）或者咖啡果冻（P.14）一起食用。

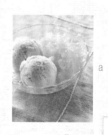

a

●创意冰激凌

覆盆子冰激凌

2分钟

放入油菜籽做成冰激凌，不放的话就做成了果子露。

材料（3人份）

豆浆冰激凌粉（P.94）
……配方一半的量（约200g）

Ⓐ 冷冻覆盆子……100g
　蜂蜜（或者龙舌兰糖浆）……1大匙
　菜籽油（不放也可以）……2小匙

■ 做法

将豆浆冰激凌粉切块，和Ⓐ一起放入食物料理机（a），搅拌至顺滑（b）。

a　　　　　b

美味创意

用冷冻蓝莓150g+柠檬汁2小匙代替冷冻覆盆子，做法相同，蓝莓冰激凌就做好了。

●创意冰激凌

巧克力冰激凌

2分钟

没有花生酱也不要紧，放上的话可以做出浓郁的巧克力味道。

材料（4人份）

豆浆冰激凌粉（P.94）配方的用量

Ⓐ 可可粉……15g
　花生酱……2小匙
　龙舌兰糖浆……1大匙
　菜籽油（不放也可以）……1大匙

*放入菜籽油，让味道更浓郁。

■ 做法

将豆浆冰激凌粉切块，和Ⓐ一起放入食物料理机，搅拌到顺滑。

美味创意

最后放入生巧克力（P.58），搅拌约10秒，就做成"巧克力冰激凌"。放入40g朗姆酒渍葡萄干（P.102），味道更好。

有豆浆冰激凌粉的话，放入一半巧克力，一半覆盆子，非常简单！

 覆盆子冰激凌可以使用新鲜覆盆子吗?

如果要用新鲜覆盆子的话，请冷冻后再用。

{冰激凌的简单创意}

只需将豆浆冰激凌粉和材料放入食物料理机。

水果提前冷冻备用更方便。

草莓冰激凌

芒果冰激凌

白芝麻冰激凌

芒果冰激凌
颜色可爱，口感顺滑。

【材料】（4人份）
豆浆冰激凌粉（P.94）配方一半的量（约200g）
Ⓐ 冷冻芒果……200g
蜂蜜（或者龙舌兰糖浆）……1大匙
菜籽油（不放也可以）……1大匙
柠檬汁……1½小匙

【做法】
将豆浆冰激凌粉切块，和Ⓐ一起放入食
物料理机，搅拌至顺滑。

白芝麻冰激凌
对芝麻爱好者来说真是欲罢不能。

【材料】（4人份）
豆浆冰激凌粉（P.94）配方的用量
Ⓐ 白芝麻……20g
枫糖浆……1大匙
白芝麻油（不放也可以）……1大匙

【做法】
和芒果冰激凌做法相同。

草莓冰激凌
手工制作味道更好！

【材料】（4人份）
豆浆冰激凌粉（P.94）
配方一半的量（约200g）
Ⓐ 冷冻草莓……150g
蜂蜜（或者龙舌兰糖浆）……1大匙
菜籽油（不放也可以）……1大匙

【做法】
和芒果冰激凌做法相同。

焦糖果仁冰激凌

抹茶冰激凌

抹茶冰激凌
味道浓郁，成品高雅。

【材料】（4人份）
豆浆冰激凌粉（P.94）配方的用量
Ⓐ 抹茶……5g
　枫糖浆……1大匙
　菜籽油（不放也可以）……1大匙

【做法】
和芒果冰激凌做法相同。

焦糖果仁冰激凌
冰激凌搭配香味浓郁的果仁，使味道更丰富。

【材料】（4人份）
豆浆冰激凌粉（P.94）配方的用量
焦糖果仁（P.103）配方的用量

【做法】
将豆浆冰激凌粉切块，放入食物料理机，搅拌至
顺滑，放上焦糖果仁，继续搅拌约10秒。

●创意冰激凌

椰子冰激凌

15分钟　　2分钟

材料（4人份）

Ⓐ 豆浆……200g
　 葛粉（粉末）……10g
　 甜菜糖……45g
　 盐……1小撮

椰奶（或者椰子奶油）……200g
菜籽油……1大匙（使用椰子奶油的话不放也可以）

---

1 将Ⓐ放入锅内，用打蛋器搅拌均匀，将疙瘩搅碎（使用固体葛粉时，加热前用滤网过筛）。

2 中火加热1，边用木铲不断搅拌边加热到沸腾，转小火，保持略微沸腾的状态加热5分钟。

3 保持小火，一点点放入椰奶，搅拌均匀，放入菜籽油，全部放入后关火。放凉，倒入密封容器，冷冻一晚。

4 将做好的椰子冰激凌粉切块，用食物料理机搅拌到顺滑。

将豆浆冰激凌粉略微创新，放入椰奶增添香气和味道，适合搭配热带水果。

紫薯冰激凌

使用椰子冰激凌粉，超受欢迎的创意。

【材料】（4人份）
椰子冰激凌粉配方的用量
Ⓐ 紫薯粉……20g
　 蜂蜜（或者龙舌兰糖浆）……1大匙
　 菜籽油（不放也可以）……1大匙

【做法】
将冰激凌粉切块，和Ⓐ一起放入食物料理机，搅拌到顺滑。

*也可以用豆浆冰激凌粉（P.94）制作，放入1小匙朗姆酒味道更好。

美味创意

步骤3中放入1小匙杏
仁精，做成椰子杏仁冰
激凌。和切块的冷冻菠
萝或者冷冻芒果一起搅
拌，味道更好。

 没有豆浆也想制作怎么办?

只有椰奶也可以制作，也可以用米浆或者花生牛奶来代替豆浆，
这样味道较淡，口感也很好。

做法简单
用处大！

冰激凌搭配

材料（方便制作的量）

Ⓐ 甜菜糖……45g
　 水……1大匙

Ⓑ 豆浆……100mL
　 盐……少许

做法

1 小锅内放入Ⓐ，搅拌均匀，中火加热，出现较大气泡，颜色变成茶褐色后关火，放入Ⓑ。

2 小火加热，边用汤匙将粘在锅上的甜菜糖刮下，边小火煮约2分钟，加热到沸腾、略微黏稠，趁热倒入密封瓶中。

3 较大的碗内盛上水，放入 **2** 边用汤匙搅拌边冷却。放凉，搅拌至质地顺滑、出现光泽就做好了。

材料（方便制作的量）

椰子油……50g
可可粉……25g
枫糖浆……25g

做法

瓶子内依次放入熔化的椰子油、可可粉、枫糖浆，每次都搅拌均匀。放入冰箱冷藏容易凝固，常温静置即可。

材料（方便制作的量）

葡萄干……喜欢的量
朗姆酒……约葡萄干用量的20%

做法

瓶子内塞满葡萄干，倒入朗姆酒。盖上盖，静置约1周，中间不时翻转，这样就做好了。腌渍的时间越长，味道越浓郁。将使用完的香草豆荚一起腌渍，来增添香味。

脆皮巧克力酱

淋在冰激凌上
就凝固成脆皮啦！

焦糖奶油酱

搭配冰激凌自不必说，
还可以搭配刚烤好的面包。

朗姆酒渍葡萄干

只需搅拌就做好了。
搭配冰激凌或者奶油酱。

焦糖果仁和枫糖果仁

用自己喜欢的果仁就可以了。

黑巧克力饼干和饼干碎

将黑巧克力饼干碾碎就是饼干碎了。

焦糖果仁

【材料】（方便制作的量）

喜欢的果仁（杏仁片、核桃片等）……80g

Ⓐ 甜菜糖……45g
　水……1大匙
　盐……少许

【做法】

1 果仁摆在铺有烘焙纸的烤盘上，放入预热到160℃的烤箱，烘烤10分钟。

2 小锅内放入Ⓐ，搅拌均匀，中火加热。出现较大气泡，颜色变成茶褐色后关火，将1全部放入，让果仁均匀裹上糖浆，摆在烘焙纸上放凉。

*用3大匙枫糖浆+少许盐代替材料的Ⓐ，做法相同，做成枫糖果仁。

◆ ◆ ◆

黑巧克力饼干

【材料】（直径6cm的花瓣形模具14个）

Ⓐ 低筋面粉……70g
　可可粉……30g
　杏仁粉……20g
　泡打粉……1小撮

Ⓑ 枫糖浆……55g
　菜籽油……30g
　盐……1小撮

【做法】

1 将Ⓐ放入碗内，用打蛋器搅拌均匀，将疙瘩搅碎。

2 将Ⓑ放入略小的碗内，用打蛋器搅拌均匀，使其乳化。

3 将2放入1内，用铲子搅拌成团，用2片刮板将面团夹住，用擀面棒擀至约3mm厚，压出造型，用牙签插上小洞。

4 将压好模的面团摆在铺有烘焙纸的烤盘上，放入预热到160℃的烤箱中，烘烤10分钟后降至150℃，烘烤15分钟。

冰激凌的故事

下面介绍不用牛奶和鸡蛋，也能做出美味冰激凌的方法。
也注明了可以代替使用的材料。请自由组合制作吧。

美味诀窍

夏季食用前要放入冰箱冷冻

刚搅拌好的冰激凌，立刻食用味道很好，但是室温较高时非常容易融化。这时，最好再放入冰箱冷冻凝固。用冰激凌勺挖球时，如果冰激凌太柔软不能很好地做出造型，建议使用这种方法（想待会儿慢慢食用时也可以用这种方法）。

食物料理机不能持续使用

不管哪种冰激凌，如果持续搅拌，食物料理机温度升高，冰激凌容易融化。搅拌一次后，略等一下再搅拌下一个冰激凌。

觉得冰激凌较硬的话，食用前放入冰箱冷藏

本书中的冰激凌和普通的冰激凌相比油分较少，糖度较低，搅拌好的冰激凌如果冷却过度，容易质地坚硬。这时在食用前从冷冻移到冷藏，放到略微柔软的时候就可以食用了。

保鲜期限

使用淀粉增加黏稠度的冰激凌，时间较长会有生粉感。冰激凌粉，在做好的一个月内要食用完毕。
如果冰激凌放置时间略长一点儿的话，使用草莓、芒果等水果的冰激凌，要比香草、巧克力味的冰激凌，更不会有生粉感。

代替材料

没有葛粉

可以用米粉或者木薯粉代替。

没有食物料理机

开始凝固时用叉子不断搅拌，搅拌至顺滑，或者用电动打蛋器，开始凝固时搅拌至顺滑。

用叉子

用电动打蛋器

对大豆过敏的人

可以用椰奶，或者米浆（大米牛奶）等制作。去天然食品商店，能看到摆放着各种植物牛奶，可以根据体质选择适合的牛奶。混合2种以上的牛奶，要比单纯一种牛奶，更容易做出清爽可口的冰激凌。推荐用其他牛奶来代替P.100椰子冰激凌中的豆浆。当然，也可以作为冰激凌粉，做成巧克力冰激凌、水果冰激凌等，进行各种创新。

没有菜籽油

虽然建议使用味道较淡的菜籽色拉油，但是没有的话，也可以用白芝麻油、葡萄籽油代替。另外，用椰子油（已熔化）代替，能做成味道更浓郁的冰激凌。这时，在制作冰激凌粉的最后（P.95步骤3），用打蛋器搅拌均匀，完全乳化后冷冻（如果没有完全乳化的话，搅拌时质地会非常粗糙）。

不喜欢放油的人

实在不喜欢放油的话，可以增加15g葛粉，用这种方法做好的冰激凌粉，要尽快食用。

●浓郁冰激凌

冷冻酸奶

10分钟　　**2**分钟

　　将做好的冰激凌倒入方盘中冷却一次，表面淋上喜欢的果酱或者酱汁，立刻冷冻就做成大理石冰激凌了。

这种冰激凌，即使经过长时间保存，也不会有生粉感。

　　当然，什么也不放，直接食用也很好吃。

材料（4人份）
豆浆酸奶……800g 蜂蜜（或者龙舌兰糖浆）……4大匙 柠檬汁……1小匙（5g） 菜籽油……2大匙

1 豆浆酸奶用咖啡过滤器沥水1晚，准备300g。
＊800g豆浆酸奶沥水1晚后，约剩余300g。

2 将所有材料放入碗内，用打蛋器搅拌到顺滑，倒入保存容器冷冻。

3 将2切小块，放入食物料理机中搅拌到顺滑，就做好了。

＊表面淋上蓝莓酱（无糖），用较大的汤匙或者冰激凌勺纵向舀几次，就做成大理石冰激凌了。

用豆浆酸奶制作，口感浓郁顺滑。

美味创意
可以用橙子酱、草莓酱（P.74），脆皮巧克力酱（P.102）、焦糖奶油酱（P.102）等，代替蓝莓酱，味道也很好。适合搭配焦糖果仁（P.103）或者饼干碎（P.103）。

 豆浆酸奶沥水后，剩余不到300g。 ┊ 倒入豆浆或者豆浆酸奶，补足300g。

●造型冰棒

甜酒冰棒

10 分钟

用浓缩型的甜酒制作，只需搅拌即可做成冰棒。对没有空调的白崎茶会（作者的甜点教室——编者注）来说，这是夏天必不可少的甜点。

糙米甜酒味道浓郁，大米甜酒味道较淡，做出来的冰棒味道都很好。可以到糕点材料商店或者网上购买模具。

材料（6根）
豆浆……300g
甜酒（浓缩型）（a）……120g
枫糖浆……1大匙

■ 做法

将所有的材料放入容器中搅拌均匀（b），倒入冰棒模具中（c），冷冻。

*没有冰棒模具时，可倒入玻璃茶杯、小酒杯等难以破碎的小容器中，开始凝固时插入木棍，冷冻（P.110）。也可以倒入制冰器或者硅胶模具中凝固，中间插上牙签，十分可爱。

用甜酒粉制作，无须加热的清爽的冰棒。

a   b   c

美味创意

甜酒黑芝麻冰棒

【材料】（6根）	【做法】
豆浆……300g	和甜酒冰棒做法相同。
甜酒（浓缩型）……120g	
黑芝麻……15g	
枫糖浆……2大匙	

Q 冰棒不能顺利脱模。

碗内倒入温水，
将冰棒模具浸一下更容易脱模。

巧克力香蕉
顺滑的巧克力味道。

【材料】（6根）
香蕉净重……150g
豆浆……150g
甜酒（浓缩型）……120g
枫糖浆……2大匙
可可粉……12g

甜酒水果冰棒

甜酒和水果天然百搭！

【做法】 将所有材料用搅拌机搅拌均匀，倒入冰棒模具中，冷冻。做混合味道的冰棒时，先倒入一半冷冻，等第一个味道的冰棒凝固后，再倒入下一种味道。

草莓×原味（甜酒）

巧克力香蕉×菠萝

菠萝

草莓牛奶

草莓×草莓牛奶

猕猴桃

巧克力香蕉

菠萝	猕猴桃	草莓	草莓牛奶
难忘的酸甜可口。	清爽透心凉。	清爽的草莓味道。	味道甜美、奶香十足。
【材料】（6根）	**【材料】（6根）**	**【材料】（6根）**	**【材料】（6根）**
菠萝……净重200g	猕猴桃……净重200g	草莓……净重300g	草莓净重……150g
甜酒（浓缩型）……100g	甜酒（浓缩型）……100g	甜酒（浓缩型）……100g	豆浆……150g
豆浆……100g	豆浆……100g	枫糖浆……1大匙	甜酒（浓缩型）……120g
枫糖浆……1～2大匙	枫糖浆……2大匙		枫糖浆……1大匙

芭菲

冰激凌搅拌好后，放入冰箱冷冻一下再用，就可以漂亮地摆放了。先放上果冻等不易融化的甜点，最后放上冰激凌。

草莓巴菲

红草莓果冻（P.8）
×
酸奶奶油酱（P.50）
×
草莓冰激凌（P.98）
×
覆盆子冰激凌（P.96）

日式巴菲

抹茶冰激凌（P.99）
×
白芝麻冰激凌（P.98）
×
红薯羊羹（P.28）
×
带皮豆沙馅（P.33）

冰激凌夹心

将冰激凌倒入方盘冷冻后脱模，用巧克力饼干夹住两边略微融化的地方，再次冷冻到脆硬。

草莓夹心
草莓冰激凌（P.98）
×
黑巧克力饼干（P.103）

香草夹心
豆浆香草冰激凌（P.92）
×
黑巧克力饼干（P.103）

◎ 帮助小贴士

除了各个配方经常被问到的问题之外，这里还总结了在教室授课时经常被问到的问题。

Q 只能买到固体葛粉，每次都要过滤非常麻烦。

放入食物料理机搅拌保存，就可以当作粉末使用了。

Q 可以调整甜度吗？

甜菜糖等粉末状的甜味剂，可以根据喜好酌情增减。

Q 布丁里面有疙瘩。

葛粉没有完全溶解，或者葛粉粘到锅底，倒入布丁液时都容易产生疙瘩。这时，要将煮好的布丁液用笊篱等过滤，再放凉凝固，成品就非常顺滑（煮得越好成品越柔软）。

Q 请教枫糖浆和蜂蜜的使用方法。

不想上色时，想做出透明感时，或者凸显水果的水分或者香味时，使用蜂蜜（或者龙舌兰糖浆）。想味道更浓郁时，或者想更好地溶解可可粉或者抹茶粉时，使用枫糖浆。

Q 布丁口感不顺滑。

葛粉没有完全煮熟的话，不会出现弹性和光泽，质地非常黏稠，味道也很容易快速变差。保持略微沸腾的状态，慢慢煮好。

Q 制作布丁或者冰激凌使用2倍的用量时，加热时间还是一样的吗？

用2倍用量制作时，要延长加热时间。因为水分的蒸发率较低，布丁难以凝固，冰激凌的成品就像是水分较多的果子露一样。

Q 可以用琼脂棒代替琼脂粉吗？

使用琼脂棒时，1小匙琼脂粉（2g），要对应1/2根琼脂棒（4g），放入足量的水中浸泡1晚，拧干水分后切碎，用300mL的水煮到溶化，再添足配方中的水分继续煮。

Q 生巧克力或者奶油酱融化了。

使用椰子油制作的甜点，在24℃以上时就会变软。室温较高时，放入冰箱冷藏（生巧克力需要冷冻），完全变硬后，食用前取出。

Q 请教木铲和橡皮刮刀的使用方法。

葛粉较多的布丁、芭芭露、冰激凌等，建议使用木铲，边摩擦锅底边加热。在小锅内水煮需要小圈搅拌，搅拌、转移材料时，用橡皮刮刀更方便。

Q 可以调整液体的甜味剂吗？

增减液体的甜味剂时，果冻容易过于坚硬，可可粉不能完全溶解。增减液体的甜味剂时，要相应调整材料中的水分。

◎ 制作甜点的 7 种便利工具

也可以用食物料理机、搅拌机、电动打蛋器（有时可以使用叉子）代替。
最好使用带盖的方盘。煮葛粉时，要使用木铲，避免葛粉黏在锅底上。

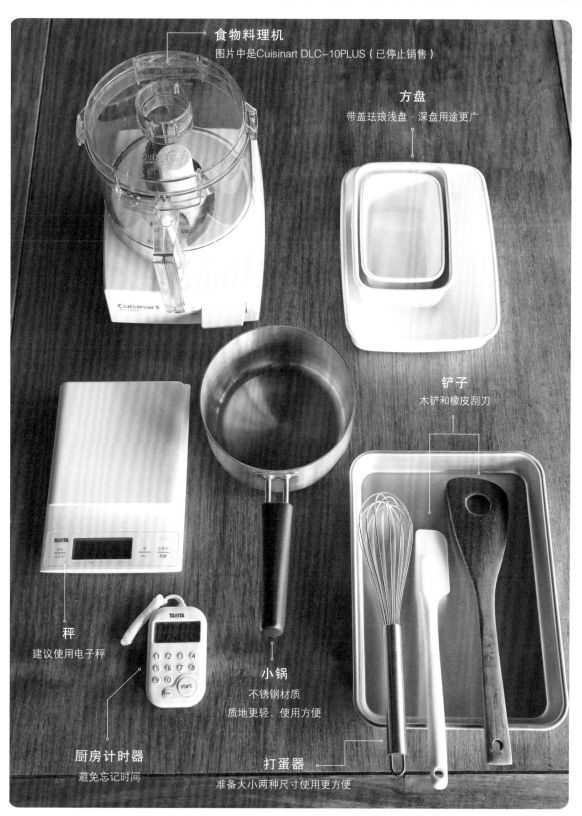

食物料理机
图片中是Cuisinart DLC–10PLUS（已停止销售）

方盘
带盖珐琅浅盘·深盘用途更广

铲子
木铲和橡皮刮刀

秤
建议使用电子秤

小锅
不锈钢材质
质地更轻、使用方便

厨房计时器
避免忘记时间

打蛋器
准备大小两种尺寸使用更方便

◎ 材料介绍

美味的材料，才能做出美味的甜点。下面介绍选择材料的要点。

甜味剂

配方中的甜菜糖，都可以用枫糖、椰子糖代替。同样，蜂蜜可以用龙舌兰糖浆、枫糖浆代替。

龙舌兰糖浆的甜度约是砂糖的1.3倍，但GI值（表示摄入人体时血糖值上升率的指标）更低，不易导致龋齿，是一种天然甜味剂。味道较淡，颜色较浅，用来制作透明感强的果冻，或者白色的布丁，做出来的成品好看又好吃。另外，龙舌兰糖浆带有凸显食材香味的"添香作用"，可以凸显水果的香气。使用槐花蜜，能达到与龙舌兰糖浆相同的作用。

椰子糖同样具有低GI值，是一种有着黑砂糖般浓郁味道的甜味剂。

油

菜籽油，因为用非转基因原料，所以在制造过程中无须化学处理。建议使用一级压榨水洗的菜籽油，使用标注有"菜籽色拉油"的商品就不会错了。未经水洗的油味道强烈，尽量不要使用。椰子油，选用低温精制、未经化学处理的油。有椰子香气强烈和无味两种，烹饪使用无味椰子油更方便。本书使用的椰子油，无味无臭。

葛粉

葛粉，选用未经化学处理，采用传统制法的100%葛粉。分为固体和粉末两种，粉末使用方便，建议使用。完全煮熟后变得黏稠，可做成完全不使用动物性材料的简单甜点。

琼脂

代替动物性的吉利丁片使用，用处很大，来源于海藻的材料。选用不含添加剂、未经化学处理的琼脂。有粉末、棒状、丝状，建议使用粉末状的琼脂粉，用来制作糕点非常方便。琼脂溶解的温度要95℃，温度较高，所以要保持沸腾的状态加热，完全煮到溶化。

推荐一下白崎茶会经常使用的材料。选用材料时可以参考一下。

枫糖浆

蜂蜜·龙舌兰糖浆

椰子糖

甜菜糖·枫糖

豆浆

琼脂粉

葛粉

椰子油

菜籽油

果酱（无糖）

香草豆浆

可可粉

甜酒（浓缩型）

椰奶·椰子奶油

结束语

小时候，有一位特别疼爱我的长辈这样说过，

今天有好吃的苹果哦。

小时候的我称呼她为老板娘。

那天老板娘穿着一件羊毛编织的背心，

正在吃饭，那天应该很冷吧。

咬开苹果，甘甜清凉的果汁，

在口中蔓延开来，真的非常好吃。

我一直在考虑，到底什么才是最美味的甜点呢。

应该就像那时的苹果一样的感觉吧。

虽然我已经介绍了这么多种甜点，

但还是觉得只有那时的苹果最美味啊。

可惜再也不能还原儿时关于食物的记忆了。

那些食物在回忆里变得越来越美味。

从小到大从未吃过冰激凌的女孩子，

将吃不完的布丁放在枕边才睡的小男孩，

每次听到这些故事，心都会扑腾扑腾跳。

正是抱有这样的想法，我才不断地进行尝试。

虽然不能说进展顺利，

但也许我用自己的方法，给大家送了一个"苹果"。

正是基于这样的想法我写下了这本书。

虽然可能没那么重要，但是只要能对大家略有帮助我就很开心了，

大家一定要尝试做一下这些甜点。

最后，对摄影师寺泽先生、设计师山本女士、

造型师智代女士、布艺创作者工藤女士、编辑中村女士，

一起为我创造了这个奇幻的世界，表示由衷的感谢。

没有大家的努力，我就会止步不前。

多谢各位的支持与厚爱！

图书在版编目（CIP）数据

今日甜点 / (日) 白崎裕子著 ; 周小燕译. -- 海口:
南海出版公司, 2017.10
ISBN 978-7-5442-8930-6

Ⅰ.①今… Ⅱ.①白… ②周… Ⅲ.①甜食—制作—
日本 Ⅳ.①TS972.134

中国版本图书馆CIP数据核字(2017)第101067号

著作权合同登记号　图字：30-2017-015
TITLE：［かんたんデザート なつかしくてあたらしい、白崎茶会のオーガニックレシピ］
BY：［白崎裕子］
Copyright © 2014 Yuko Shirasaki
Original Japanese language edition published by WAVE –PUBLISHERS CO.,LTD.
All rights reserved. No part of this book may be reproduced in any form without the written
permission of the publisher.
Chinese translation rights arranged with WAVE –PUBLISHERS CO.,LTD.,Tokyo through NIPPAN
IPS Co., Ltd.

本书由日本 WAVE 出版社授权北京书中缘图书有限公司出品并由南海出版公司在中国范围内
独家出版本书中文简体字版本。

JINRI TIANDIAN
今日甜点

 策划制作：北京书锦缘咨询有限公司（www.booklink.com.cn）
总 策 划：陈　庆
策　　划：邵嘉瑜

作　　者：[日]白崎裕子
译　　者：周小燕
责任编辑：余　靖
排版设计：柯秀翠
出版发行：南海出版公司 电话：（0898）66568511（出版）　（0898）65350227（发行）
社　　址：海南省海口市海秀中路51号星华大厦五楼　邮编：570206
电子信箱：nhpublishing@163.com
经　　销：新华书店
印　　刷：北京和谐彩色印刷有限公司
开　　本：889毫米×1194毫米　1/16
印　　张：7.5
字　　数：160千
版　　次：2017年10月第1版　　2017年10月第1次印刷
书　　号：ISBN 978-7-5442-8930-6
定　　价：48.00元